前言

　　旅居西班牙時，我寄宿的友人家對面就是修道院，因此有機會品嘗到修女們手作烘焙的糕點。當天正好是修道院為了某個名義慶祝的日子，因此分贈街坊鄰居她們製作的點心。夾著野生黑醋栗果醬的派當中還有卡士達醬內餡，那樣溫暖柔滑的味道，至今還鮮明地浮現於我的腦海中。

　　由於西班牙九成以上人口皆是天主教徒的關係，許多祭禱和行事原則都與宗教息息相關，而且也有針對特別的慶祝日所吃的各種點心。話雖如此，這些點心卻絕對不是用來裝飾的，因為自古以來便未曾改變過，保留了最初原始的外觀形式直至今日，它們的外型看來想當然爾地平凡無奇，滋味也十分簡單樸實。這些點心的故鄉便是修道院，是中古世紀時的修女們經過無數次試作改進才能誕生的。它們大部分都是在各個家庭中熟悉常見到的，說不上是什麼獨特的點心，也因為是出自修女們之手，這些食物長久以來都受到人們的喜愛。

　　旅居西班牙第三年，初次與那黑醋栗果醬酥派邂逅時，我才知道這些點心的由來和人們喜歡的程度，而且聽說有修道院一直持續在製作烘焙這些點心，並稱之為「修道院的點心」，對這些傳承已久的食譜及作法相當珍視。

　　原本就對甜點無招架之力的我，從那之後只要出門遠行，便會惦記企盼著「這裡是否會有販賣可口點心的修道院」而四處探訪，有幸遇見並品嘗了許多糕點，幾度為那些質地優異，口感、手工皆細緻的點心所深深吸引、著迷。不知何時開始，我也如西班牙人一樣，對這些修道院的點心抱持著敬意與嚮往地喜愛上它們。

　　回到日本後，時光飛逝，初遇修道院點心轉眼已是二十年前之事。信手一捻，現在最常做的也是修道院的點心。無論材料或是作法都很簡單，總之就是做不厭也吃不膩，這或許就是它們經過這麼長的時間仍受到喜愛的理由吧。此外，最近深刻地覺得，比起任何事，最重要的是製作時投注愛情於其中，一邊為即將享用到這些點心的對象祈求幸福，一邊慎重其事地細心揉製，這不就是對一件事盡心付出的可貴嗎？

＊食譜中的 1 大匙相當於 15*ml*，1 小匙相當於 5*ml*。

＊食譜中的西班牙馬爾科納杏仁（Marcona）可以一般
　的杏仁代替。

＊「φ」表示直徑。

關於西班牙的修道院

　　在西班牙的女子修道院裡，從中古世紀開始便有製作烘焙點心的習俗，作法與食譜在經過了這麼長的時間，由無數修女的手傳承保留至今。

　　當時整個村裡只有修道院才有大烤箱，而被視為是奢侈品的砂糖、蜂蜜、麵粉、雞蛋等物資原料，修道院都能獲得充足的數量配給。製作出來的點心除了主要作為表示感謝的贈予物，也用於祝禱活動上，或是呈獻給王公貴族。那美好的滋味似乎讓高貴的人們也讚嘆不已，被視為極有價值的物品而受到珍視。

　　不過，當時的貴族與名門子女幾乎很少出入修道院，如果有機會拜訪，他們會帶著精通廚藝的僕人一起去，藉此向修女們學習這些點心的製作方法。都是靠這些心無旁鶩潛心研究料理的修女們的雙手，人們才得以品嘗到滋味更棒的糕點。

　　除此之外，有些改信基督教的猶太教徒及伊斯蘭教徒，因為「收復失地運動」[1] 進入了修道院之後，也為點心的製作帶來了很大的影響，像是多了油炸或是加入了水果和香辛料的糕點。在這樣的歷史背景之下，經過不斷嘗試與創新的珍貴食譜絕不外傳，一直保存了幾世紀，在修道院裡一代傳過一代。之後，拜哥倫布航海時代來臨各國文化得以交流之賜，在世界各地傳教的修士與修女們也為全世界的烘焙點心文化發揮了莫大的影響力，巧克力便是一例。這些點心因為他們得以先傳至歐洲許多國家，進而推廣到世界各地。日本古時候稱為「南蠻[2]菓子」的糕餅也不例外，像是從葡萄牙傳來的長崎蜂蜜蛋糕，據說也是自西班牙的修道院傳至葡萄牙，再輾轉流傳至日

注1：亦稱為復國運動、復地運動，是西元 718 至 1492 年間，位於西歐伊比利亞半島北部的基督教各國，逐漸征戰南部穆斯林摩爾人政權的宗教政治運動。
注2：日本以「南蠻」稱呼在印度至東南亞等地港口建立殖民地從事貿易的葡萄牙、西班牙等。

本的。我們的祖先在很久以前就已有此淵源，不是一件很美的
事！

中古世紀一般民眾無法品嘗到的修道院點心，隨著光陰流
逝，其滋味透過口耳相傳逐漸被每個家庭摸索製作出來，變成
了庶民也能吃到的食物。此外，修道院點心以前是作為獻供及
贈與所用，並沒有對外「販售」，這點也隨著時代的變遷而改
變了。如今修道院將此作為經濟來源之一，以維持各項內部活
動運作，對外販售手作烘焙糕點的修道院也增加了不少，人們

也因此有更多機會貼近修道院的點心，一嘗其獨特滋味。

雖然如今在家裡也能做出修道院的點心，但對人們而言，
修女們做出來的點心依舊「特別」，大家對它們總懷抱著一份
憧憬、敬意及自豪，永遠受到眾人的喜愛。修女以雙手仔細揉
製烘焙出來的一個個小糕點，從中古世紀到現在都未曾改變，
永遠帶給人們幸福愉悅的感覺。

Pasando por

la primavera

hasta

el verano

第1章　由春至夏

　　當杏樹的粉紅色花蕾綻放之際，就意謂著春天已然造訪西班牙。每年的三月底至四月上旬會舉行全國最重要的宗教活動「聖週」，也就是復活節的前一週，主要是提醒人們耶穌受難的經歷，並舉行彌撒哀悼耶穌之死。聖週的第一天由「聖枝主日」展開，這是聖經裡記載耶穌進入耶路撒冷的日子，民眾會手持著棕櫚樹枝表示熱烈歡迎；接著來到星期四，紀念耶穌與十二門徒最後的晚餐之日；隨後迎接星期五，由於是耶穌受難死亡的莊嚴節日，各地都會把聖像、聖物抬出來，以莊重悲傷的心情列隊遊行。聖週期間有守齋的習俗，也有在這個期間可吃的特別點心，據說修女和虔誠的信徒至今仍實行斷食和節食。聖週結束翌日的星期日便是「復活節慶典」，慶祝耶穌復活，也正值春天的盛況高潮。當復活節慶典結束，便開始迎接夏日的耀眼陽光，整個西班牙裡也染上一股蓬勃生氣。

Crema Catalana

加泰羅尼亞烤布蕾

3 月 19 日是耶穌的養父荷西（聖若瑟）之日，也是西班牙的父親節。
會特別在這一天享用的點心是加泰羅尼亞烤布蕾，也被稱為「聖若瑟的乳脂」，
這是源於加泰羅尼亞自治區，至今仍受到全西班牙喜愛的一道奶製甜品。
這道甜品有著這樣一個逸事。
有一天主教造訪某間修道院，修女們慎重其事地準備食物欲盛情款待，
然而主教姍姍來遲後著急得想趕緊用餐，
一時慌亂的修女們不小心將準備當甜點的布丁搞砸了，
便試著加入玉米粉，希望能使其快速凝固成形。
主教等不及想快些品嘗甜點，修女們只好將還來不及冷卻的「布丁」端上桌。
吃了熱燙「布丁」的主教由於不習慣甜點的溫度，而大叫：「這簡直可以把人給燙傷！」
但是它獨特的滋味讓主教非常喜歡，於是他小心地吹涼後繼續品嘗，
也因此它有一別名為「Quemada」（燒焦之意）。

材料（φ10cm 圓形容器 ×4）

牛奶　300*ml* ＋ 125*ml*
肉桂棒　1 枝
檸檬皮　¼ 顆的量
蛋黃　2 顆
砂糖　1½ 大匙
玉米粉　1½ 大匙

〈完成後撒上〉
砂糖　8 小匙

〈最後點綴裝飾用〉
杏仁片　30g

作法

1　將 300*ml* 牛奶與肉桂棒、檸檬皮放入鍋裡，用小火煮約 5 分鐘後，過濾掉不要的材料渣與雜質，靜置冷卻。

2　混合蛋黃及砂糖，加入 1，用木鏟攪拌混合避免結塊。

3　在另一個鍋子裡倒入 125*ml* 牛奶及玉米粉混合均勻。加入 2，用小火煮至呈現黏糊狀，其間用木鏟順著同個方向攪拌。倒入容器後放進冰箱冷卻。

4　享用之前，在布丁表面撒上 2 小匙的砂糖。用瓦斯爐烘烤湯匙背面，然後用熱燙的湯匙背面來炙烤砂糖，讓布丁表面呈一片薄薄的焦糖狀（如圖／用在百元商店買的湯匙，或是燒壞了也無所謂的湯匙即可）。

用瓦斯爐烘烤湯匙背面至熱燙，然後輕輕炙烤布丁表面，讓砂糖呈焦糖狀。

Rosquillas de Santa Clara

聖克拉拉炸甜甜圈

名為「Rosquilla」的西班牙式炸甜甜圈有許多種類和口味。這道炸甜甜圈是早在十五世紀馬德里的修道院裡就有製作並進而普及至民間的點心。馬德里在五月的守護神聖伊西德羅日節慶活動中，總少不了被暱稱為「小傻瓜」的原味甜甜圈和裹了砂糖或填了糖果軟餡的「小伶俐」甜甜圈這兩種點心。

材料（8 份）

低筋麵粉	200g
泡打粉	1 小匙
雞蛋（大）	1 顆
砂糖	50g
A	特級冷壓初榨橄欖油 60ml
	八角 ½ 小匙
	不甜的白酒 1 小匙
擀麵團用低筋麵粉	少許

〈糖霜〉

蛋白	1 大匙
細糖粉	80g

作法

1　將低筋麵粉及泡打粉混合篩過備用。

2　將烤箱預熱至 170℃。

3　用叉子均勻混合蛋及砂糖，待砂糖溶解之後加入 A 充分攪拌混合。

4　加入 1，混合揉製生麵團。在容器上方蓋一條擰乾的布巾，置於室溫下約 30 分鐘醒麵發酵。

5　麵團放在撒了麵粉的工作台上，切成八等分，將小麵團滾成長條狀，再將兩端接合成圈狀。

6　把 5 排列在鋪了烘焙紙的烤盤上，放入烤箱中烤約 20 分鐘後，夾出置於網架上放涼。

7　蛋白及砂糖充分打勻製作糖霜。

8　在 6 上抹糖霜，置於室溫下 1 小時，讓溼潤糖霜中的水分稍微蒸發掉。

Rosquillas

炸甜甜圈

這是口感稍微乾硬，卻充滿了八角風味的炸甜甜圈。西班牙人習慣在復活節前一週舉行的聖週期間，享用這道點心。

材料（10 份）

橘子皮　¼ 顆的量
特級冷壓初榨橄欖油　5 大匙
雞蛋（大）　1 顆

A	砂糖　6 大匙
	不甜的白酒　5 大匙
	八角　2 小匙
B	低筋麵粉　300g
	泡打粉　½ 小匙

油炸用的調理油　適量
擀麵團用低筋麵粉　少許

〈完成時撒上〉
砂糖　適量

作法

1　將橘子皮充分洗淨，用刀子刮除白色的纖維部分。

2　在平底鍋裡倒入橄欖油和橘子皮，以中火加熱約 2 分鐘，讓橄欖油吸收橘子皮的香氣後關火冷卻，取出橘子皮。

3　將 A 放入碗裡，與 2 的油充分攪拌混合。

4　混合 B 後加進 3 裡，同樣攪勻至一個程度後，便用手開始揉製生麵團。放到撒了些低筋麵粉的工作台上切分成十等分，將小麵團滾成長條棒狀，再將兩端接合成圈狀。

5　放到 170℃的熱油裡炸至金黃色。

6　滴濾掉油分，均勻撒上砂糖即可。

Pastissets de boniato

地瓜酥派

✠

這是一道很有地中海周邊以及西班牙阿拉貢自治區特色的酥派。
雖說是酥派，卻不是像千層派那樣層疊的質感，
而是可以很俐落乾脆地一分為二、外觀簡樸的點心。
放了地瓜餡的酥派，是瓦倫西亞地區民眾在聖週期間會吃的糕點之一。

材料（4份）

〈地瓜內餡〉
地瓜　200g
A｜砂糖　50g
　｜檸檬皮　¼ 顆的量
　｜肉桂棒　1 枝

〈麵團餅皮〉
低筋麵粉　140g
特級冷壓初榨橄欖油　50*ml*
砂糖　12g
B｜不甜的白酒　30*ml*
　｜磨碎的檸檬皮　¼ 顆的量
　｜肉桂粉　少許

〈完成時撒上〉
細糖粉　適量

作法
1　製作內餡。削掉檸檬皮上的白色纖維部分；地瓜連皮切成兩公分厚的塊狀，泡在水裡約 1 小時，去除表皮髒污及粗糙的部分。將地瓜放入鍋裡，倒水至剛好淹過的高度，煮軟之後剝除外皮，用木鏟搗成泥。加入 200*ml* 的水與 A，煮沸之後轉小火續煮 30 分鐘，等到質地變得濃稠且香氣飄散出來之後，取出檸檬皮及肉桂棒，續煨煮至形成香甜濃厚的內餡後關火冷卻。
2　將烤箱預熱至 180℃。
3　製作派皮。低筋麵粉先篩過。在平底鍋裡倒入橄欖油，用小火溶解砂糖之後便自爐面移開，加入 B，用木鏟攪拌均勻，再一點一點地加入低筋麵粉，混勻後置於室溫下約 30 分鐘，讓派皮稍微醒麵發酵。
4　將派皮擀薄擀平，用直徑約 12 公分的器皿壓出圓餅狀。
5　在圓派皮中央放置餡料，將派皮對折，邊緣用叉子壓合，排列在鋪了烘焙紙的烤盤上。
6　放進烤箱中烤 20 分鐘。
7　烤好放涼之後撒上細糖粉。

Torrijas

朵麗哈思煎麵包

這是起源於十五世紀
修女們將放久了變硬的麵包做成類似法國吐司的一道甜點。
據說原本是只有貴族才吃得到的東西，如今已成為聖週期間具代表性的烘焙點心，
甚至被稱為「聖週五的朵麗哈思」，成了大家在守齋節食的星期五習慣吃的甜點。
有些地區的人偏好加大量的砂糖食用，在馬德里則是會加上甜的白酒享用，
無論是當作早餐或是早午餐，都很能令人心滿意足呢。
（在天主教修道院裡，聖週五是哀悼之日，
因此有斷食或飲食限制的習俗。）

材料（2人份）

法國麵包（最好是變硬的短圓棍之類）
　　1.5公分厚　4片
蛋　1顆
A　檸檬皮　¼顆的量
　　橘子皮　¼顆的量
　　牛奶　200*ml*
　　肉桂棒　1枝
　　砂糖　1大匙
橄欖油　1大匙

〈完成時撒上〉
肉桂粉、蜂蜜　各適量

作法

1　用刀削除檸檬與橘子皮上白色的纖維部分。

2　將A的材料全部放入鍋裡，煮沸之後轉小火煮3分鐘。淋在麵包上放置約2分鐘，讓麵包吸收（如圖）。取出水果皮及肉桂棒丟棄。

3　把蛋打在烤盤裡，讓2的麵包均勻包裹上蛋液。

4　在平底鍋裡倒入橄欖油，將麵包兩面煎至金黃色。

5　盛盤，撒上肉桂粉、淋上蜂蜜即可享用。

泡太久的話麵包可能會太過溼潤塌軟，大約3分鐘就可以了。

Leche frita
炸鮮奶

這道點心據說是在以前冰箱還不是很普及的年代，
修女們思索如何利用快要過期的牛奶，
做出可以保存比較久的料理所發想而來的。
除此之外，「炸鮮奶」這個名稱在北部地區尤其廣為人知，
直至今日是各個家庭的媽媽們都會做的一道點心。
製作這道甜點的祕訣是，待麵糊產生黏稠性並開始凝固變硬時，
繼續以小火煮至濃稠到幾乎有點與鍋底分離的程度。

材料（12 份，14×18.5×2.5cm 方形烤盤）

蛋黃　3 顆
砂糖　6 大匙
無鹽奶油　50g
低筋麵粉　50g
牛奶　350*ml*
磨碎的檸檬皮　1 顆的量

〈麵衣〉
蛋液　1 顆
低筋麵粉、油炸用調理油　各適量

〈完成時撒上〉
肉桂粉、細糖粉　各適量

作法
1　將蛋黃及砂糖充分混合均勻。
2　以小火融化奶油，加入低筋麵粉，用打蛋器攪拌混合。在持續小火的狀態下，分次一點點地加入牛奶，煨煮出黏稠狀的白醬。
3　將 2 關火，加入 1 以及磨碎的檸檬皮混合均勻。
4　再度開小火，小心避免燒焦之下邊攪拌邊煮約 3 分鐘。在變得黏稠且開始凝固變硬時關火，將麵糊移至烤盤裡平均鋪勻開來，覆蓋上保鮮膜放入冰箱冷藏 1 小時以上，讓它變得更硬（如下圖）。
5　從烤盤取出，切成 12 等分，沾裹低筋麵粉及一層蛋液，以 170℃度的油溫炸至金黃色。
6　撈起擱置，滴濾掉油分後移至盤裡，撒上肉桂粉及細糖粉即可。

在冰箱冷藏超過 1 小時後，
由於變得更乾硬，便能很容
易從烤盤取出。

Confitura de fresas

草莓果醬

除了糕點之外，許多西班牙修道院也會自製果醬，其中又以賽維亞的聖若瑟修道院、聖保羅修道院，以及聖克萊門特修道院的自製果醬最受歡迎。

材料（約 350*ml*）

草莓　600g
檸檬汁　20*ml*
砂糖　150g
薄荷葉　6 ～ 8 片

作法
1　草莓充分洗淨後去掉蒂頭對半切，與檸檬汁、砂糖一同丟入琺瑯或不鏽鋼鍋裡，擱置 3 ～ 4 小時直到草莓的水分釋出。
2　開火開始熬煮果醬，沸騰之後轉小火，邊刮除浮出的泡沫邊煮約 15 分鐘。放入薄荷葉，再不時攪拌煮個 10 ～ 15 分鐘，直到變成濃稠的果醬。

Mermelada de zanahorias

胡蘿蔔果醬

這是來自西班牙聖克拉拉教會修道院的食譜，用途與口味變化十分廣泛。無論是拿來塗抹麵包、放入海綿蛋糕或瑪芬蛋糕等糕餅裡，做成果凍或是烹煮肉類及魚類料理時，皆可增添風味。

材料（500ml）

胡蘿蔔　500g
檸檬　1½ 顆
砂糖　100g
水　125ml
肉桂棒　1 枝

作法

1 胡蘿蔔削皮後切薄片，丟入熱水裡慢慢煮到軟後，撈起濾掉水分，用叉子或食物調理機打成泥狀。

2 削磨 ¼ 顆的檸檬皮，並榨取檸檬汁備用。

3 在鍋裡倒入砂糖、水及肉桂棒，開火煮至砂糖溶解後，加入檸檬皮與一半的檸檬汁，以小火煮到呈現濃稠狀（差不多縮減至 125ml 左右），取出肉桂棒和檸檬皮丟棄。

4 在仍以小火煮著的 3 裡加入 1，及剩餘的檸檬汁，邊攪拌邊繼續煮 10 分鐘。

Coca de cerezas y Coca de San Juan

櫻桃扁麵包與聖約翰扁麵包

「Coca」是以類似披薩質地的麵團做出來的一種扁麵包，是地中海鄰海地區特有的烘焙料理，有鹹味的日常什錦扁麵包，也有甜味的。這裡介紹的是與聖約翰有些淵源的點心。一年白晝最長的夏至之日，是基督教徒舉行受洗儀式的聖約翰日，在前一天晚上的慶典活動上，就會食用這種麵包作為慶祝。此外，加泰隆尼亞自治區的雷烏斯在進入六月時，在從復活節開始第六十天的星期四，習俗上會吃這種櫻桃扁麵包。一般會使用新鮮現摘的黑櫻桃來製作，在這裡用的是罐頭醃漬的櫻桃。

材料（各一塊的分量）

〈作為麵包基底的生麵團〉
高筋麵粉　200g
乾的酵母　5g

蛋液（大）　½ 顆的量（剩下的塗在麵團表面）
砂糖　40g

A　特級冷壓初榨橄欖油　30*ml*
　　水　80*ml*
　　磨碎的檸檬皮　1 小匙
　　鹽　少許

〈櫻桃扁麵包〉
罐裝黑櫻桃　約 8 顆
砂糖　適量

〈聖約翰扁麵包〉
卡士達醬（蛋黃 2 顆、牛奶 200*ml*、砂糖 50g、
　　　　玉米粉 1 大匙）
松子　2 大匙、砂糖　適量

作法

〈作為麵包基底的生麵團〉

1　將高筋麵粉及酵母放進盆裡。

2　充分混合材料 A。

3　在 1 裡一點點地加入 2，仔細混合均勻。
　　不斷揉製麵團 3 ～ 4 分鐘後，蓋上溼布置
　　於室溫下 1 ～ 2 小時，讓其發酵（夏天時
　　間短一些，冬天則長一點），膨脹至兩倍
　　大。

〈櫻桃扁麵包〉

1　取 ⅓ 的生麵團擀成 5 ～ 6 公分厚的圓形，
　　在表面刷上蛋液。

2　在生麵團上平均嵌入櫻桃，並撒上砂糖。

〈聖約翰扁麵包〉

1　取 ⅔ 的生麵團擀成 5 ～ 6 公分厚的橢圓形，
　　在表面刷上蛋液。

2　製作卡士達醬。取一半的牛奶加熱但不要
　　煮沸，剩下的牛奶則加入玉米粉拌勻，另
　　外混合蛋黃及砂糖，倒入玉米粉牛奶攪拌
　　均勻，再加入溫熱的牛奶續煮，不斷攪拌
　　以免燒焦，煮至濃稠的程度後關火讓其冷
　　卻。

3　將卡士達醬倒入擠花袋中擠到麵團上，撒
　　上砂糖及松子。

〈最後完成步驟〉

1　將烤箱預熱至 180℃。

2　在烤盤上鋪烘焙紙，將麵團烘烤 20 ～ 25
　　分鐘，烤到質感恰到好處並呈現金黃色即
　　完成。

Sorbete de naranja

柳橙冰沙

西班牙有些區域在夏天可能會面臨十分嚴峻的酷熱，
這種時候就需要冰涼的甜點來振奮精神。
冰沙這種甜品據說原本是從中國傳至阿拉伯，
再傳至西班牙與義大利的西西里島，
後來在所有歐洲國家都很普遍常見。

材料（2～3人份）

柳橙汁　3顆的量（約200ml）
蛋（大）　1顆
蛋黃（大）　2顆
砂糖　45g

作法

1　在碗裡放入所有材料，充分攪拌混合至砂糖徹底溶解。

2　倒到烤盤裡，放入冰箱冷凍庫凝固，其間不時取出以叉子全部攪拌，讓空氣進入其中，使其呈現沙沙細顆粒般的口感。

Crema de limón

檸檬蛋白霜

無論走到西班牙哪裡都可以看到檸檬樹，
對於製作糕點而言，這也是很常用的食材。
這道柔滑香醇的奶油甜品食譜是傳自克拉拉教會，
檸檬的清爽口味在炎炎夏日中，既消暑又解膩。

材料（4 人份）

蛋（大） 2 顆
牛奶　200ml
玉米粉　15g
砂糖　50g
無鹽奶油　10g
檸檬汁　1 顆的量（約 25ml）
磨碎的檸檬皮　少許

〈蛋白霜〉
砂糖　1 大匙

作法

1　分離蛋黃與蛋白，同時預熱烤箱至 180℃。
2　取一半的牛奶溶解玉米粉。
3　在小鍋裡倒入剩下的另一半牛奶、砂糖與奶油加熱溶解。關火，倒入 2，用打蛋器充分攪拌混合後再次開火，以小火邊攪拌煮至呈現濃稠狀。
4　加入檸檬汁，在小火的狀態下混合攪勻。
5　加入蛋黃，邊攪拌加熱至更黏稠的狀態。
6　製作蛋白霜。將蛋白打發至一定的程度後加入 1 大匙砂糖，再續打至泡泡隆起且綿密細緻。
7　將 5 倒入容器裡，上面加一勺蛋白霜，放入烤箱裡烤約 5 分鐘，直到表層的蛋白霜略呈金黃色。

Mousse de yogur

優格慕斯

這是源自
巴斯克自治區埃爾那尼市聖奧古斯丁修道院的食譜。

材料（4份）

無糖優格　120g
砂糖　25g
鮮奶油　100*ml*
吉利丁粉　5g

〈草莓醬〉
草莓　12顆
君度橙酒　1大匙

作法

1　將優格與砂糖用打蛋器混合打勻直到砂糖徹底溶解。

2　取一個小鍋丟入吉利丁粉，加入1½大匙水浸泡約15分鐘後，開小火將吉利丁粉煮溶解後移離火爐，搖晃一下鍋子，待其稍微冷卻。

3　趁2還未凝固之前一點一點地倒入1混合均勻。

4　將鮮奶油打發至八成起泡度，與3混合均勻。

5　倒入容器內放進冰箱冷藏。

6　製作草莓醬。將草莓去除蒂頭，搗成泥狀與君度橙酒混合均勻（也可以使用果汁機或食物調理機打勻）。舀一匙草莓醬到盤子裡，與冷卻成型的優格慕斯一起享用。

修道院的小窗口

有些修道院會在大城市裡設立販賣自製商品的店鋪，民眾可以在這些店裡實際接觸到修女，但有許多修道院嚴守著戒律，奉行不與外界接觸的生活形態。在這樣的修道院，會有一個稱為「Torno」的窗口，它可說是修女與外面世界連結的門戶。

雖然這就是她們販售自製糕點的管道，但是你幾乎看不到任何招牌或標示。不僅如此，這道小門戶通常不在正門口，而是悄悄隱藏在不起眼處的小小窗口。中古世紀的建築物內部其實出乎意料的廣闊，從修道院入口接待處到修女實際生活的空間，恐怕有一大段距離，甚至可能連一點影子都看不到。也因為如此，當你發現嵌在牆上的小窗時

巴斯克自治區埃洛里奧的聖安娜修道院的小窗口

冷汗。

打開窗口的門會看見裡頭有一個可迴轉的置物架，但不見修女的廬山真面目，只透過交談詢問來溝通。將費用放在架上轉回去，修女收下金額後同樣轉回架子，你便會看見期待的糕點出現在眼前。

幾百年來，這個小窗就是如此扮演著修女與外界接觸連結的重要角色。也許在古代金錢尚未普及流通時，放在迴轉架上的可能是雞蛋、蜂蜜或者蔬菜之類的以物易物吧。無論如何，可口的糕餅出現在眼前的那一刻，不管是誰都會喜不自禁啊。

聖地牙哥德康波斯特拉的卡門修道院的小窗口（旁邊有按鈴繩索）

也會格外興奮驚奇。在某些莊嚴肅穆充滿歷史感的窗口旁，會設置十分現代化的對講機，讓到來的顧客可以道聲「日安」，向裡頭的修女打招呼（天主教信徒則會與修女相互交換祝禱之語）。有些修道院的小窗則依舊設有自古沿用至今的拉鈴，只要拉一下垂吊的繩索，就會敲響莊嚴的鈴聲，感覺好像昭告天下做了什麼嚴重的犯行，真令我嚇出一身

聖地牙哥德康波斯特拉的貝爾維斯修道院的小窗口

La calidez de
los dulce de
otoño
e invierno

第 2 章　由秋至冬

　　隨著西班牙漫長的夏季結束，樹葉漸漸染上些許金黃，空氣也慢慢變得微涼起來。秋天最盛大的節慶活動便是「諸聖節」，據說是所謂的聖靈回歸降臨人間之日，許多人會帶著鮮花出門掃墓，相當於日本的盂蘭盆節³那樣的活動。進入 12 月後則開始準備迎接熱鬧的聖誕節，從 24 日聖誕夜，東方三賢⁴終於抵達伯利恆祝賀初生降臨被視為天神之子的基督，至 1 月 6 日為止，都算是聖誕節慶期間。在這段時間，西班牙人習俗上不會享用蛋糕，而是吃一些小巧精緻的餅乾點心類，修道院也會接到比平日倍增的訂單數量，開始提早製作聖誕節需求的烘焙點心。

注 3：也就是類似台灣中元＋清明節。
注 4：馬太福音裡的人物，三人自東方到伯利恆朝拜初生的基督。

Buñuelos de viento

風之甜甜圈炸泡芙

✠

這種一口大小的炸泡芙是中古世紀就有的點心之一，
在過去有吃了這道點心便能洗清犯下的罪孽的說法，
西班牙人習慣在 11 月 1 日諸聖節這天享用這道甜點。
它也被稱為「修女的嘆息」，
或許是因為外型像吹氣膨脹起來蓬鬆而輕柔的麵包球吧。
炸泡芙裡面有的會填充卡士達醬、鮮奶油、栗子奶油、巧克力鮮奶油，
還有天使之髮（以南瓜做成麵線般的泥狀內餡）
等各種口味，令人吮指回味。
諸聖節裡，修女也為了製作炸泡芙而忙得不可開交呢。

材料（約 10 份）

低筋麵粉　60g
A｜牛奶　50*ml*
　｜水　50*ml*
　｜砂糖　30g
　｜奶油　18g
　｜鹽　一小撮
　｜磨碎的檸檬皮　½ 顆的量
蛋（中等）　1 顆
油炸用調理油　適量

〈完成時撒上〉
細糖粉　適量

作法

1　低筋麵粉篩過備用。

2　將材料 A 全部倒進鍋裡，開火煮至砂糖充
　　分溶解，瀕臨沸騰之前熄火。加入麵粉後
　　立刻用木鏟攪拌混合均勻。再次開小火煨
　　煮到幾乎與鍋面剝離的狀態。

3　將雞蛋打散，一點一點地加入 2，用木鏟邊
　　煮邊攪勻。

4　預熱油溫至 170℃。用兩支湯匙挖取 3 的麵
　　糊，塑型成小圓球狀放入鍋裡油炸。

5　等到全體呈現金黃色，圓球浮出表面便可
　　撈起濾掉油份，撒上細糖粉即可。

Panellets

巴內耶松子杏仁球

✝

這是以加泰羅尼亞區為中心，以及鄰近地中海一帶的地區，
在 11 月 1 日諸聖節習慣會吃的點心，
通常每個家庭會一次製作很多讓全家人共享。
如今這道點心已普及全國，許多修道院也都會製作販售。
有的會以馬鈴薯取代地瓜，
如果是使用西班牙產的松子，美味會更上一層樓喔。

材料（15 個）

地瓜　100g
A　杏仁粉　100g
　　砂糖　60g（可依地瓜甜度調整）
　　蛋黃　1 顆
　　磨碎的檸檬皮　½ 顆的量
　　香草精　少許
蛋　1 顆
松子　100g

作法
1　將烤箱預熱至 150℃。
2　將地瓜直接放入滾水裡煮軟，趁熱將皮剝除，並用叉子搗碎。
3　在地瓜泥裡加入 A 所有材料，充分混合均勻後用手捏成小小的丸子狀。
4　將蛋白與蛋黃分離，用叉子輕輕打散蛋白。
5　將地瓜丸沾上蛋白再裹滿松子，再用刷子刷上一層蛋黃液。
6　在烤盤上鋪烘焙紙，將 5 排列放置好，放入烤箱裡烤約 15 分鐘，烤到恰到好處並呈現漂亮的金黃色。

Huesos de santo

聖人之骨杏仁糖捲

✝

這也是在 11 月 1 日諸聖節會吃的糕點，
裡頭包裹著蛋黃醬的內餡宛若骨髓，尤其講究。關於這道點心的起源眾說紛紜，
有一說法是西班牙傳教士方濟·沙勿略（Francisco de Xavier）造訪日本時，
將供奉日本佛陀及亡者近似人骨造型的和菓子帶回西班牙教會而廣傳開來，
推測應該是盂蘭盆節的落雁印糕[5]吧。
這項傳言的真實性可能只有神明知道，
但是日本的和菓子確實為西班牙的糕點帶來了些許影響。

材料（約 15 根）

〈杏仁糖衣〉
馬爾科納杏仁[6]粉（Marcona） 150g
砂糖 50g
水 125ml

〈蛋黃醬〉
蛋 1 顆
蛋黃 1 顆
砂糖 60g
玉米粉 ½ 小匙
檸檬汁 1 小匙

〈完成時撒上〉
細糖粉 適量

作法

1 製作杏仁糖衣。在鍋裡倒入砂糖及水，以中火攪拌熬煮，煮至整體水量約縮減到 50ml 後放涼冷卻。

2 將杏仁粉加入 1 中，用手充分拌勻揉製成團。覆蓋上保鮮膜，置於常溫下 1 小時，讓杏仁糖膏稍微成型。

3 製作蛋黃醬。在鍋裡放入蛋黃醬的所有材料以小火煮，以扁鏟攪拌至材料徹底溶解，待形成濃稠的餡料後關火冷卻。

4 將蛋黃醬倒入擠花袋裡，花嘴開口約 8 公釐，形狀不拘。

5 取出杏仁糖衣團，上下各鋪一層保鮮膜，以避免糖衣沾黏到工作台和擀麵棍。把糖衣擀成厚約 3 公釐、長 18×寬 25 公分的片狀，並用刀背在糖膏上刻劃些規則的線條，再切成長 6×寬 5 公分更小塊的糖衣。

6 將每一片翻過來，擠放上蛋黃醬，輕輕地捲包起來，撒上細糖粉即可食用。

注5：一種將砂糖壓入木雕模型製成的甜點。
注6：西班牙等級最高的杏仁品種。

Pestiños
貝思狄尼歐思炸糖餅

據說這項點心是阿拉伯人傳授給西班牙人，
經過修女加了酒及其他材料改良變化而來的一種甜點。
直至今日都十分受到西班牙人的喜愛，許多修道院在聖誕節也會製作這種點心。
上頭灑了糖蜜拔絲，吃起來像是油炸地瓜的口味也十分可口。

材料（約 10 個）

低筋麵粉　150g
柳橙與檸檬皮　各 ¼ 顆的量
特級冷壓初榨橄欖油　約 4 大匙
八角或白芝麻　1 小匙
不甜的白酒　4 大匙
油炸用橄欖油　適量

〈完成時撒上〉
砂糖、肉桂粉　各適量

作法
1　削除柳橙與檸檬皮白色的纖維部分。在平底鍋裡倒入橄欖油，放入柳橙與檸檬皮煮 2 分鐘後即關火，將果皮取出丟棄，再丟入八角待其冷卻。
2　在低筋麵粉裡加入 1 和白酒，以叉子攪拌均勻至一定的黏稠度之後改用手揉，再擀成薄薄的麵皮。
3　將麵皮切成 6 公分的正方形，將左右兩個對角捏合起來。
4　丟入橄欖油裡炸到金黃色。
5　趁撈起熱騰騰之際撒上砂糖，也可視喜好撒些肉桂粉食用。

Polvorón
波爾沃隆杏仁酥餅

✞

原是南部地區的家常烘焙點心，
中古世紀開始修道院裡就會焙製這樣美味的小甜餅，
進而普及西班牙各地，如今已是聖誕節時不可或缺的點心。
因為質地非常鬆散，一捏就很容易碎，
烘烤完後通常會用薄紙像糖果一樣包裹起來。
我加了奶油增添些風味，不過傳統的作法是只使用豬油來製作。
（「Polvorón」這個字如果變複數的話是「Polvorones」，
很容易與義大利的小酥餅「Polvorone」搞混）。

材料（約 12 個）

低筋麵粉　50g
馬爾科納杏仁粉　50g
無鹽奶油　25g
豬油　25g
細糖粉　50g
肉桂粉　少許

〈完成時撒上〉
細糖粉　適量

作法

1　將奶油及豬油放在常溫下使其稍微融化備用。將烤箱預熱至 150℃。

2　在平底鍋裡倒入低筋麵粉，注意不要讓麵粉沾黏結塊，以按壓的方式用中火將麵粉炒香至呈現金黃色後，關火待其冷卻（如下圖）。

3　將 2 與杏仁粉混合篩過。

4　在盆裡放入奶油及豬油，一邊撒入細糖粉和肉桂粉，一邊以扁鏟攪拌混勻，再加入 3 用手混合均勻。

5　用手揉製成一球麵團後，以保鮮膜包裹，放進冰箱裡冷藏約 30 分鐘。

6　以捶打的方式將麵團擀成約一公分厚的麵皮，再以模型壓出一個個小圓形。在烤盤上鋪烘焙紙，將小圓餅皮排好後，送進烤箱裡烤 15 分鐘，取出放涼冷卻後，撒上細糖粉即可。

用木鏟翻炒麵粉炒出香氣直到變成金黃色。

Polvorón de chocolate

巧克力波爾沃隆杏仁酥餅

猶如前一頁杏仁酥餅的哥哥一般，另有一種稱為「蒙特卡多杏仁酥餅」（Montecado）的點心。它用的材料幾乎相同，只在於低筋麵粉的比例不同而已，也有人說差異之處在於形狀，總之兩者如今已相互混淆，難以分辨誰是誰了。只能夠確定杏仁酥餅應該是從蒙特卡多酥餅衍生變化而來的點心。無論哪一種，在聖誕節時的需求量都非常高，現在還發展出巧克力與檸檬等各種口味。

作法

參照第 41 頁的作法。
只要在步驟 3 將 15g 的杏仁粉換成原先的可可粉混合篩勻即可，其他步驟皆相同。

Hojaldrinas

聖誕節的千層派

雖然說是派，但少了層層摺疊的功夫，是相當容易製作的聖誕節點心。傳統的食譜配方是使用豬油，不過最近似乎都是以奶油取代。

材料（6～8個）

〈麵團〉
低筋麵粉　150g
無鹽奶油　80g
柳橙汁　4大匙
不甜的白酒　1大匙
砂糖　30g
磨碎的橘子皮　½顆的量
揉麵團用的低筋麵粉　適量

〈完成時撒上〉
細糖粉　適量

作法

1　將奶油切成小丁塊狀，與製作麵團的其他材料混合均勻，用保鮮膜將麵團包裹起來放進冰箱冷藏一晚。

2　將烤箱預熱至180℃。

3　在工作台上撒些麵粉，將1醒好的麵團擀成約一公分厚度的餅皮。先將左右兩端摺疊起擀平，再上下摺疊擀平。

4　用料理刀切成一個個小正方形狀。

5　整齊排列在鋪了烘焙紙的烤盤上，放入烤箱中烤約20分鐘。

6　從烤盤上取出，享用時撒上大量的細糖粉即可。

Marquesas

侯爵夫人杏仁小蛋糕

這道也是聖誕節的烘焙點心之一，
濃濃的杏仁香氣和略帶溼潤的口感令人印象深刻，
是許多修道院都有製作販售的糕餅，
也有用四角形的淺紙杯為容器去烘烤的形式。

材料（φ5×3.5cm 瑪芬杯 ×6）

馬爾科納杏仁粉　100g
低筋麵粉　20g
泡打粉　½ 小匙
蛋黃　2 顆
蜂蜜　1 大匙
蛋白　1 顆的量
砂糖　30g

〈完成時撒上〉
細糖粉　適量

作法
1　將烤箱預熱至 180℃。
2　杏仁粉、低筋麵粉、泡打粉一起篩過備用。
3　蛋黃與蜂蜜充分混合均勻。
4　將蛋白打發至七分的發泡度，加入砂糖，
　　繼續攪拌至砂糖完全溶解於其中。
5　混合 3 與 4，稍微拌勻後加入 2，注意避免
　　結塊，手勢輕快地攪拌均勻後，倒入瑪芬
　　蛋糕用的小紙杯裡。
6　放入烤箱裡烤 10 分鐘。
7　從烤箱取出放涼，享用時撒上細糖粉即可。

Mazapán

杏仁糖糕

這是聖誕節必吃的甜點之一，也是西班牙古城托雷多當地頗富盛名的名產糕餅。
特色是使用大量杏仁粉揉製麵團，
再捏成花草植物、鳥、魚、蝸牛、月亮等各種可愛的造型，
略帶溼潤度的麵團很類似日式饅頭的口感。
關於這道點心的由來要追溯到十三世紀，當時托雷多城
因為拉斯納巴斯德托羅薩戰役（Batalla de Las Navas de Tolosa）陷入飢荒，
於是聖克萊門特修道院的修女用糧倉裡有的杏仁與砂糖製作了糕點，
拯救了許多飢餓的民眾。直至今日，
聖克萊門特修道院依舊持續製作販賣這款歷史悠久的點心呢。

材料（10個）

A　馬爾科納杏仁粉　100g
　　細糖粉　80g
　　蛋白　1 顆的量
　　磨碎的檸檬皮　¼ 顆的量
　　香草精　少許
　　水　1 小匙
蛋黃　½ 顆

作法

1　將 A 的所有材料放入盆裡混合均勻，用保鮮膜包起來放入冰箱 1 小時，讓麵團醒麵發酵。

2　將烤箱預熱至 230℃。

3　取出 1 的麵團，捏塑出喜歡的造型後，在表面刷塗上蛋黃液。

4　放入烤箱 3～5 分鐘至表面略微焦黃即可。

Turrón de guirlache

奇拉切都隆堅果糖

以杏仁和蜂蜜為基底的都隆堅果糖（turrón）自古便受到西班牙人鍾愛，是聖誕節不可或缺的甜點，有的會將杏仁搗碎做成比較軟的牛軋糖，有的會保留杏仁的完整，做成口感較脆硬的焦糖條，口味和種類變化很多。在這裡介紹的是「奇拉切都隆糖」，製作簡易，是比照巴斯克地區聖佩多羅修道院的食譜，使用少量的焦糖做出典雅溫和的口味。可以的話，採用西班牙產馬爾科納品種的杏仁製作，更能享受到真正道地的傳統滋味。

材料（18cm 磅蛋糕模型，或者自行切成喜歡的大小）

馬爾科納杏仁（完整去皮） 120g
A 肉桂粉 ½ 小匙
  八角 ½ 小匙

砂糖 80g

作法
1 在模型裡鋪上烘焙紙。
2 將杏仁與材料 A 混和備用。
3 在鍋子裡倒入砂糖及 50ml 的水，煮沸後轉中火煨煮至變成焦糖色。
4 關火後立即加入 2，用叉子攪拌至杏仁全部都包裹上焦糖外衣。
5 移至模型裡壓整鋪平，冷卻定型之後倒出切成小塊即可。

Turrón de la abuela

老奶奶都隆堅果糖

有別於一般都隆糖，這是我在巴斯克地區的聖
母修道院裡遇見頗特殊稀奇的手工果仁糖。從
其名稱可知應該是每家祖母都會做的零食點
心，於是修道院也開始製作販售，或是一開始
是年長的修女製作的而有此名稱。雖然對於緣
由不甚詳悉，但卻是嘗過一次就難忘其滋味的
點心。

材料（約 10 ～ 12 個）

去皮杏仁（完整或切成小塊）　45g
砂糖　5 大匙
水　5 大匙
甜的調溫巧克力[7]　50g

作法

1　將杏仁壓碎。

2　製作焦糖。在鍋裡倒入砂糖和水加熱，輕
　　輕搖晃鍋子讓砂糖溶解，略微呈現金黃色
　　便移離爐子（太焦的話質地會變得太硬）。

3　加入 1 的杏仁碎粒，迅速攪拌後用湯匙舀
　　起一團，排列置放在烘焙紙或平底盤上。

4　將巧克力切得細碎，隔水加熱融化。

5　在 3 的上頭用湯匙淋上巧克力，待其冷卻
　　凝固即可。

注 7：調溫巧克力與非調溫巧克力的差異，在於前者內含天然
　　　的油脂；後者則為了節省成本將可可脂抽出後，添加廉
　　　價的植物油。調溫巧克力無法直接融化入模，必須將巧
　　　克力融化後，經降溫再加溫，藉以穩定巧克力的成分，
　　　使其滑順又有香氣。

Intxaursaltsa

胡桃甜濃湯

✠

這是巴斯克地區在聖誕節會享用類似日本紅豆湯的甜湯。
據說中國的慈禧太后也很喜歡這道胡桃甜濃湯，
它是西班牙修道院裡存在已久的甜點，
或許這之間有什麼淵源關聯呢。
使用了大量胡桃搗碎之後，慢慢地熬煮成香濃滑順的濃湯，
保留些許顆粒狀的口感也很棒。

材料（3～4人份）

胡桃　150g
牛奶　250～300*ml*
肉桂棒　1枝
砂糖　3大匙
鹽　少許

作法
1　將胡桃放入搗缽裡用木棒搗得細碎。
2　在鍋裡倒入牛奶及肉桂棒加熱。
3　在2即將沸騰之際加入胡桃以及砂糖、鹽，以小火煨煮約30分鐘，若煮得太濃稠，可適度添加牛奶調整。

Pan de higo

無花果麵包餅

這個在西班牙聖誕節時會吃的點心，這種被稱為「無花果麵包」的餅乾，據說是從耶穌時期就存在的食物。基本上是以蜂蜜做成甜的口味，還會加入些水果乾及堅果。它算是從遠古時代便為人所熟悉並傳承至今的點心，在西班牙許多地方都還見得到類似這樣的餅乾。

材料（1個）

〈麵團〉
無花果乾　200g
胡桃　15g
馬爾科納杏仁（整粒或切碎、
　　去皮）　30g
磨碎的橘子皮　½ 小匙
蜂蜜　1 大匙
白蘭地　1 大匙
肉桂粉、丁香粉　各少許

〈完成時點綴用〉
杏仁（完整、去皮）、松子、
　　杏桃乾　各適量

作法

1　將無花果乾約略切碎。
2　在搗缽裡放入 1、胡桃及杏仁搗碎。
3　將麵團的其他材料全部加入 2 拌勻。
4　將混合好的麵團放在保鮮膜上壓成圓餅狀。
5　將杏仁粒、松子、杏桃乾嵌入作為裝飾。

Manzanas rellenas

烤蘋果

這是西班牙在巴斯克地區薩巴提耶拉村的聖佩多羅修道院在聖誕夜時會吃的，只屬於當地獨特的食譜，據說在譬如決定修道院院長的日子等重要或特殊日子裡，也會吃這道特別的料理。使用椰棗乾等水果乾來增添風味，是這道甜點的一大重點。

材料（4人份）

蘋果　4個

A｜磨碎的橘子皮　½顆的量
　｜無鹽奶油　40g
　｜椰棗乾　8個
　｜白葡萄乾　15g
　｜小茴香粉　少許
　｜肉桂粉　少許

B｜柳橙汁　3顆的量
　｜甜雪莉酒　2大匙

肉桂棒　4枝

作法

1　先將烤箱預熱至200℃。將無鹽奶油置於室溫下融化；椰棗去核，約略切成細碎狀。

2　用去果核器或湯匙挖除芯的部分，小心不要破壞蘋果的底部。

3　A 的所有材料充分混合均勻，填入蘋果裡。

4　將 B 的材料倒入耐熱容器裡，在蘋果芯各插入一枝肉桂棒，整齊排列於容器裡放進烤箱裡烤，其間不時把醬汁澆淋於蘋果上，大約烤 40 ～ 50 分鐘即可。

Compota de navidad

聖誕果乾

✠

在巴斯克地區被稱為「聖誕節的糖煮水果盅」的這道料理，
也是在聖誕節會吃的甜點之一，與醇厚濃郁的紅酒搭配可說是天作之合，
但夏天時和冰淇淋一起享用也非常棒。

材料（4 份）

A　葡萄乾　100g
　　無花果乾　100g
　　杏桃乾　100g
　　梅子乾　100g
　　蘋果　1 顆
B　酒體濃郁的紅酒（例如西班牙 Rioja 產的
　　　　紅酒）　400ml
　　肉桂棒　1 枝
　　檸檬皮　1 顆的量
　　水　200ml

作法
1　將 A 的果乾置於流動的水下浸泡約 1 小
　　時。蘋果削皮切成一口大小的塊狀。
2　刮除 B 的檸檬皮上白色的纖維部分。在鍋
　　裡放入 B 的所有材料煮沸後，加入 1 濾掉
　　水分的果乾，覆蓋上鋁箔紙以小火悶煮約
　　40 ～ 45 分鐘，在煮的過程中要舀除產生的
　　泡渣。
3　夏日可冷藏冰涼享用，冬天則可溫熱食用。

Roscón de reyes

國王的蛋糕

✟

1 月 6 日是所謂的東方三賢之日，為了祝賀耶穌基督的降臨誕生，
東方三賢人在星象的引導之下拜訪伯利恆，在這一天送上祝賀之禮。
在西班牙還有關於這一節日的傳說，那就是東方三賢會乘著駱駝而來，
送給沉睡中的孩子們禮物，因此也是西班牙的兒童節。
這一天的另一個習俗，就是會享用國王（東方三賢）的蛋糕。
雖然名為蛋糕，實際上口感比較接近麵包，
上面擺放了晶瑩剔透的紅色與綠色蜜餞果皮，代表三賢人帽子上的紅寶石與翡翠。
蛋糕裡面還會隨機放入陶瓷人像娃娃，據說吃到的人在那一整年都會幸福快樂。

材料（4～6 人份）

低筋麵粉　400g
牛奶　75ml
無鹽奶油　30g
蛋（大）　2 顆
A　乾的酵母　10g
　　砂糖　5 大匙
　　鹽　¼ 小匙
　　白蘭地　2 大匙
　　橙花純露（或柑曼怡香橙干邑香甜酒）
　　　　1 大匙
　　磨碎的橘子皮　½ 顆的量
　　磨碎的檸檬皮　½ 顆的量

〈蛋糕上的鋪料〉
杏仁片、蜜漬櫻桃、蜜漬柳橙片等水果蜜餞
　　各適量
砂糖　100g
蛋黃　1 顆

作法

1　在鍋裡倒入牛奶及奶油，加熱煮到奶油融化。

2　在低筋麵粉裡加入 A 的所有材料。將兩個蛋打散，一點一點地加入，用叉子攪拌混合均勻。

3　慢慢地加入 1，用手揉製麵團至不會沾手為止。

4　揉好的麵團放入碗裡，蓋上保鮮膜，置於室溫下直到膨脹至 2.5 倍大，醒麵發酵的時間大概需 1 個半小時。

5　邊將 4 裡的空氣壓擠出來邊揉捏麵團。在烤盤上鋪烘焙紙，將麵團做成圈狀，如果有陶瓷娃娃也可塞入麵團裡，蓋上溼布巾再靜置半小時。

6　將烤箱預熱至 180℃。

7　以 2 大匙的水濕濕鋪料裡的砂糖。

8　在 5 的表面刷上打散的蛋黃液，放上杏仁片、蜜漬果乾等裝飾，用手掬一把濕砂糖撒在上面，之後放入烤箱裡烤約 30 分鐘（快燒焦的地方可用鋁箔紙覆蓋起來）。

column 2

專欄 2

修道院裡販賣的物品

column 2

　　有一回我為了更深入認識修道院的點心，特地做了趟小旅行，旅程中造訪的其中一家修道院，就是位於托雷多的聖克萊門特修道院。座落在時間彷彿靜止在中古世紀的舊城鎮裡，是一間歷史悠久的古老莊嚴修道院，在偌大建築物深處有一個不起眼的角落，隱藏了烘焙點心的店鋪。無論如何我最想一嘗究竟的目標，終究還是修道院百年來都不可少的傳統點心「杏仁糖糕」，但是架上陳列的其他糕點也帶給我不少驚喜，甚至令我毫無顧忌地忍不住興奮尖叫。之外，其他像是展示架上擺放著聖母瑪莉亞人像、附十字架的玫瑰經念珠項鍊、帶點懷舊復古風的天使娃娃擺飾，以及聖克萊門特鑰匙圈等小物，雖然放置在狹小的空間也足以令我驚奇。沒想到在這個非熱門的觀光景點竟有這樣一個別有洞天、令人驚喜連連的修道院，我也

帶回了幾條別緻的念珠項鍊作為此行美好的紀念。之後我又造訪了離巴斯克地區畢爾包（Bilbao）巴士車程約 1 小時的埃洛里奧（Elorrio）的聖安娜修道院，也看到了一些有趣的商品。這間修道院不僅販售美味的蛋糕和餅乾，竟然還有自製的燒燙傷藥膏。「除了治療燒燙傷，對於任何創傷病痛也很有效，相當萬用。使用期限？沒有期限，永遠都可以使用喔！」聽到修女這麼向我推薦，於是忍不住買了兩罐……或許是心理作用，這個只用橄欖油、草本植物和蜜蠟做出來的純天然無添加香料乳膏，好像真的有療效哩。上圖便是該趟旅行的戰利品，裡頭也包括了參觀教堂等地獲得的小紀念品。漂亮的玫瑰經項鍊、可愛的聖像鍊墜……每一樣都成了我珍貴的寶物。

Los dulces tradecionales de los conventos

第 3 章　修道院的傳統甜點

　　西班牙有許多擁有悠久歷史的傳統糕點，受到眾人的喜愛，也被認為是具有傳統文化價值的料理而受到珍視。這些糕點幾乎都是來自於修道院，全都出自修女的巧手。那樸實卻討喜的精巧外表裡頭，不知為何總蘊含著引人懷念的滋味。

Tarta de Santiago

聖地牙哥塔

在西班牙文裡，聖地牙哥這個字是指耶穌的門徒聖雅各。
而為人所知悉的地名聖地牙哥，
其實就是位於西班牙西北邊加利西亞（Galicia）自治區的一個城市，
全名為聖地牙哥德康波斯特拉（Santiago de Compostela）。據說這裡是聖雅各的遺骸發現地之一，
因而與羅馬、耶路撒冷並列基督教的三大聖地，每年吸引數萬人到此巡禮。
這道蛋糕便誕生於這座城市裡的修道院，
長久以來撫慰療癒了許多特地前來的朝聖者，
也受到西班牙全國民眾的鍾愛，是道非常具代表性的糕點。

材料（φ11cm 圓形塔模型 ×3）

A ｜ 馬爾科納杏仁粉　120g
　　 砂糖　100g
　　 磨碎的檸檬皮　¼ 顆的量
　　 肉桂粉　½ 小匙
雞蛋　2 顆
塗在模型底部用奶油　少許

〈完成時撒上〉
細糖粉　適量

作法
1　在模型底部塗抹些奶油，並預熱烤箱至 180℃。
2　將 A 的材料全部倒入碗裡混合均勻，加入已先打好的蛋液，用打蛋器充分攪拌均勻。
3　將 2 的麵糊倒入模型裡，放進烤箱裡烤約 18 ～ 20 分鐘，取出置於網架上放涼冷卻。
4　取出蛋糕，擱上切割好的聖地牙哥十字架紙型，撒滿細糖粉裝飾（如下圖）。

用有些厚度的紙配合蛋糕大小所剪好的紙型，放在已冷卻的蛋糕上再均勻撒滿細糖粉，輕輕地拿起紙型便完成了十字架的裝飾圖案。

Bizcocho de nata

鮮奶油比滋可巧蛋糕

「比滋可巧」是類似海綿蛋糕的一種點心，歷史頗為悠久，是許多蛋糕的基礎原型。關於攪拌蛋液的手法，據說好像是修女研發出來的，後來這道點心就從西班牙傳遍歐洲各國。日本長崎蜂蜜蛋糕的外文名稱是「castella」，也有取自中古時代伊比利半島上的卡斯提亞王國（Reino de Castilla）的說法。修女在王國統治時期做出來的蛋糕在當地被稱為比滋可巧，兩者師出本同源。在這裡介紹的是最普遍熱門且添加了鮮奶油口味的蛋糕。

材料（15×15×4cm 方形蛋糕模型）

低筋麵粉　200g
泡打粉　1 小匙
鮮奶油　100ml
砂糖　80g
蛋（大）　2 顆
磨碎的檸檬皮　¼ 顆的量

〈完成時撒上〉
細糖粉　適量

作法

1　將低筋麵粉和泡打粉混合篩勻；烤箱先預熱至 180℃。

2　鮮奶油裡加入砂糖，用打蛋器輕輕攪勻，再將蛋一次一顆打入後混合均勻，磨碎的檸檬皮也一起加入。

3　在 2 裡頭一點一點地加入篩好的 1，手勢輕巧地混勻。

4　在模型裡鋪烘焙紙，倒入麵糊，放進烤箱烤約 15 ～ 17 分鐘後，取出放到網架上待涼。

5　切取 ¼ 的大小，撒上細糖粉即可享用。

Almendras garrapiñadas

糖炒杏仁

這是用大的銅鍋翻炒的點心，從阿拉伯傳過來，如今在西班牙全國隨處可見。許多修道院也有烘炒製作這種零嘴食品，埃納雷斯堡（Alcalá de Henares）的聖迪雅各修道院、薩拉曼卡（Salamanca）的阿爾瓦德托梅斯修道院，以及巴亞多利（Valladolid）的幾間修道院，炒製的杏仁之爽脆可口尤為人所知。

作法

1　在平底鍋裡放入所有材料與水，開火沸騰後轉小火用木鏟不斷翻炒。

2　炒到呈現黏稠狀態時移離爐子，繼續翻攪到杏仁表面的糖形成白色的結晶狀態。

3　鋪放到紙上待涼冷卻即可。

材料（4人份）

馬爾科納杏仁（完整、去皮）　150g
砂糖　120g
水　100ml

Quesada

給莎達起司蛋糕

這是西班牙北邊面對著坎塔布里亞海的
坎塔布里亞（Cantabria）地區自古傳承至今的甜點。
以擁有許多古代洞窟地貌而知名的帕斯溪谷區域，
是西班牙多以羊群的農牧業當中，少數的牛酪農業地區。
這種蛋糕一開始，便是大量使用當地生產的
新鮮味濃的牛奶凝脂所製作，
在這裡我以瑞可達起司代替。

材料（φ18cm 圓形模型）

瑞可達起司　180g
低筋麵粉　110g
牛奶　150ml
砂糖　100g
蛋　2 顆
無鹽奶油　10g
磨碎的檸檬皮　1 顆的量
塗抹模型用的奶油　適量

作法
1　在模型裡塗抹些奶油；將低筋麵粉篩過兩
　　次備用；烤箱先預熱至 180℃。
2　奶油隔水加熱融化。
3　先倒少量的牛奶與瑞可達起司拌勻後，再
　　一點一點地加入剩下的牛奶混合均勻。
4　將砂糖和蛋充分打勻至砂糖溶解之後，加
　　入奶油及檸檬皮混勻，接著加入 3 攪拌。
5　將低筋麵粉分三次加入，每一次都要徹底
　　混拌勻，最後將麵糊倒入模型。
6　放入烤箱烤約 30 分鐘。

Tocino de cielo

天之培根蛋黃布丁

這是道完全不含牛奶，只用蛋黃、砂糖、糖漿（水與砂糖熬煮）製作的布丁。
由於味道非常濃厚，口感宛如豬油一般，因此也被稱為「天之培根」，
使用小巧的模型來製作尤其可以享受它濃郁醇厚的滋味。
據說這道甜點一開始是在十四世紀
西班牙南部，以出產雪莉酒知名的赫雷斯德拉弗隆特拉（Jerez de la Frontera）地區
的聖靈修道院所製作的，
如今是全國民眾備感熟悉，十分具代表性的點心。

材料（φ4.7×2.2cm 瑪芬模型×8）

蛋黃　4 顆
蛋　1 顆
A│砂糖　60g
　│檸檬皮　¼ 顆的量
　│水　125ml

〈焦糖漿〉
砂糖　2 大匙

作法
1　將烤箱預熱至 150℃。
2　製作焦糖漿。在鍋裡放入砂糖及 2 大匙的水，以小火煮至呈現焦糖色後再加 1 大匙水繼續熬煮，趁熱倒入模型。
3　在鍋裡倒入 A 所有材料，以中火煮至砂糖完全溶解，且縮減至 50ml 呈現濃稠狀之後，取出檸檬皮丟棄，擱置讓其冷卻。
4　在一個碗裡混合蛋黃和另一顆全蛋，慢慢地加入 3 到碗裡，邊用打蛋器攪拌均勻再倒入 2 的模型裡。
5　烤盤裡倒些水，將 4 放入烤箱下層蒸烤 20 分鐘。
6　從烤箱拿出後脫模，放入冰箱冷藏即可。

Yemas

蛋黃球

✝

名為「Yemas」（西班牙文的蛋黃之意），顧名思義就是用蛋黃製作的糕點。
據說是從十五世紀南部賽維亞的聖利安卓修道院作的一種烘焙點心，
至今這個修道院仍依照流傳下來的食譜製作這項甜點。
這道點心的正式名稱應為「聖利安卓的蛋黃球」，
特色是最後會裹上一層糖蜜，為了簡化製作難度，
在這裡介紹的是另一種裹細糖粉的作法。

材料（8 個）

蛋黃　6 顆
磨碎的檸檬皮　½ 顆的量
砂糖　100g
水　250ml

〈完成時沾裹用〉
細糖粉　適量

作法

1　在鍋裡放入砂糖和水以中火煮，不斷攪拌煮至水量縮減至大約 70ml 即可關火冷卻。

2　將蛋黃、檸檬皮混合均勻後加到 1 的鍋裡全部混勻。

3　再度轉開小火慢煮，用木鏟充分攪拌均勻煮至整體形成一團黏糊狀後，放到撒了細糖粉的烤盤或其他平面容器上放涼。

4　手沾些許水分揉捏成一顆顆小球狀，撒上細糖粉即可。

Trufas de chocolate

松露巧克力

據說在十六世紀阿茲特克（Aztec，現在的墨西哥）仍是西班牙殖民地時，為了布教而遠赴當地的修士們，在當地的巧克力飲品中加了砂糖等，作出了些許變化的飲品，後來傳回西班牙，成了只有王公貴族與修道院間愛喝的熱巧克力，並未外傳至庶民階級及其他國家。直到一個世紀之後才傳入法國的修道院，進而普及世界各地。

材料（約 20 個）

A ┃ 甜的調溫巧克力　200g
　┃ 煉乳　70ml
　┃ 無鹽奶油　80g
　┃ 砂糖　1 小匙
白蘭地　1 小匙
巧克力屑　適宜

作法

1　隔水加熱 A 的材料，使其融化混合均勻。
2　從熱水裡取出，加入白蘭地再混勻。
3　將 2 移到烤盤或其他容器，放入冰箱冷藏約 30 分鐘冷卻凝固。
4　從冰箱取出，將巧克力搓揉成一顆顆小球。
5　在烤盤裡撒滿巧克力屑，將 4 輕輕滾過沾覆上即可。

Roscas de Asís

阿西思榛果巧克力

這是在巴斯克地區一個小村落的聖佩多羅修道院遇見的巧克力，深得我心。大家可以選擇自己喜歡的巧克力來製作，或是以杏仁代替榛果也很好吃。

材料（10～15個）

甜的調溫巧克力　100g
無鹽奶油　30g
榛果　100g

作法
1　將巧克力與奶油隔水加熱融化混合均勻。
2　從熱水裡取出，與榛果混合，讓其均勻覆蓋上巧克力。
3　用湯匙將3～4顆榛果壓製成一小塊狀，放置在烘焙紙上冷卻凝固即完成。

Tarta de San Marcos

聖馬可塔

✝

這個夾著巧克力與鮮奶油內餡，上頭塗滿蛋黃醬，十分精緻可愛的蛋糕，
是在西班牙全國都很普遍常吃的糕點。
它最早是誕生於雷昂（León）的舊聖馬可修道院裡，
那是十二世紀時作為修道院兼醫院所興建的一棟壯麗建築物，
現在轉而成為國營的飯店，依舊保有其風華。

材料（φ18cm 圓形蛋糕模型）

〈海綿蛋糕主體〉
低筋麵粉　60g
蛋（大）　2 顆
砂糖　60g

〈糖漿〉
砂糖　25g
水　50ml
蘭姆酒　1 小匙

〈奶油餡〉
鮮奶油　300ml
砂糖　3 大匙

〈巧克力奶油餡〉
鮮奶油　100ml
甜的調溫巧克力　10g
砂糖　1 大匙

〈蛋黃醬〉
蛋黃　6 顆
砂糖　100g

〈最後點綴裝飾用〉
杏仁片　30g

作法

1　在模型裡鋪烘焙紙，並將烤箱預熱至
　　180℃。

2　製作海綿蛋糕。在碗裡打入蛋及砂糖，打
　　發膨脹至兩倍體積大後，撒入篩過的低筋
　　麵粉輕快地混合均勻。

3　將麵糊倒入模型裡，在桌面上輕敲模型 3～
　　4 次以排出空氣，然後放入烤箱中烤 20 分
　　鐘。

4　倒出蛋糕，放涼之後用保鮮膜輕輕蓋上，
　　等到完全冷卻之後橫切成 3 片厚片。

5　熬煮糖漿。在鍋裡放入水及砂糖約煮 1 分
　　鐘，砂糖溶解之後就可移離爐子，加入蘭
　　姆酒。

6　製作奶油餡。將鮮奶油打發至七分發泡綿
　　密度，過程中分 3 次加入砂糖。

7　製作巧克力奶油餡。將巧克力削成薄片狀
　　至放入鮮奶油裡，加入砂糖開火煮溶，在
　　煮沸之前移離爐子，拌勻後讓其冷卻，再
　　打發成綿密奶油狀。

8　製作蛋黃醬。在鍋裡放入砂糖及 5 大匙
　　水，煮煮至 75ml 後關火放涼。與蛋黃混合
　　均勻後，再以小火拌煮至呈現濃稠狀，放
　　涼備用。

9　在所有蛋糕片上塗上糖漿，然後在最下層
　　的蛋糕上塗抹一半量的 6，疊上另一片蛋
　　糕，塗抹 7。疊上最後一片蛋糕，在表面塗
　　抹上 8。

10　在蛋糕的側面塗抹上剩餘的奶油餡，再貼
　　　上杏仁片裝飾。

在蛋糕麵糊的表面塗抹上蛋
黃醬，側面則塗抹剩餘的鮮
奶油。

Brazo de gitano

吉普賽人之臂蛋糕卷

這個在西班牙被稱為「吉普賽人之臂」的奶油蛋糕卷，
因為是中古世紀修道士從埃及帶回而得名，
據說更早時是稱為「埃及人之臂」。
有的會在表層覆蓋一層鮮奶油，再以加熱的平面鐵鏟炙燒出略帶焦黃的色澤。

材料（30×32cm 方形烤盤）

〈生麵團〉
低筋麵粉　50g
蛋（大）　2 顆
砂糖　60g

〈奶油餡〉
牛奶　2 大匙
吉利丁　3 片（約 4.5g）
鮮奶油　400*ml*
砂糖　6 大匙

〈完成時撒上〉
細糖粉　適量

作法

1　製作麵團。先將雞蛋置於室溫下回復常溫；低筋麵粉篩過；將烤箱預熱至 180℃。

2　在碗裡打入蛋及砂糖，用打蛋器混合攪拌至呈現黏稠狀，再一點一點地加入低筋麵粉充分混勻。

3　在烤盤上鋪烘焙紙，將混合好的麵團倒入烤盤中，放入烤箱烤 10 分鐘。取出烤盤後，輕輕地將蛋糕皮從烘焙紙上剝起，移至擰乾的溼布巾上放涼冷卻。

4　製作奶油餡。吉利丁片先泡水，加熱牛奶後，放入瀝乾水分的吉利丁片攪拌，等吉利丁融化後放涼冷卻。

5　一邊在鮮奶油裡加入砂糖，一邊打發至大約六成的膨脹度，加入 4 後再充分混合。

6　將蛋糕皮烤得比較焦的一面朝上，塗抹一半量的奶油餡，剩下的一半平塗於靠近邊緣 ⅓ 的部分，然後將蛋糕皮捲起來，用保鮮膜包起來放入冰箱冷藏約 1 小時。

7　享用前撒上細糖粉，切分成小塊即可。

專欄 3
修道院的可愛餅乾盒

column 3

　　不論是上頭印著聖母瑪麗亞畫像的白色紙盒、繪有專屬修道院標誌徽章的紙盒，還是畫有幾百年歷史的修道院建築的紙盒等，雖然不是什麼堅固耐用的包裝盒，就只是用紙做的簡單樸實的盒子，但是每個都很別緻，我尤其喜愛它們不太大，小巧精緻的樣子。

　　我就像小孩子一樣總是雀躍期待打開盒子，紙盒裡有的是用薄紙包裹得小小的金黃色蛋黃球，或是半月形的杏仁糖糕等。

　　紙盒上除了印有修道院的名稱之外，有的還會標記所屬教會的名稱。天主教教會其實區分成幾個派系。有一次我造訪某修道院時，該院的修女曾對我說：「我們這裡並沒有製作烘焙點心，不妨到克拉拉教會看看。」我對她們不是稱呼修道院名稱，而是教會名稱而困惑的同時，才知道在不同的教會派系當中，也有在製作點心上較為出名的一支。特別是從中古世紀就因美味烘焙點心而享譽地方的「克拉拉教會」，餅乾盒上有些也沒有明顯標記修道院名，只寫了「聖克拉拉的餅乾」、「克拉拉教會的修女們」而已，有的僅寫上「多明尼克教會的修道院」和「班尼迪克教會的修道院」之類某教派的修道院。

　　即使看著空的紙盒，還是會懷想起在那些地方修女們集結餅乾裝盒的畫面。滿載的回憶，是否會隨著紙盒被回收丟棄成為碎屑而慢慢消逝呢？

Delicias
y pequeñas
tentaciones de
las monjas

第 4 章　修女們日常烘焙的糕餅

在中古世紀時期，修道院為了祝禱的敬奉、捐獻，以及接待王侯貴族等場合而製作點心，在這樣的場合之下所做的糕點，都奢侈地使用了大量砂糖和雞蛋，但是由於修女們本身的生活戒律十分嚴謹，飲食皆以簡樸為原則，是不可能享用太多甜點的，於是漸漸就變得不使用過多的砂糖來製作，這個原則至今仍舊不變。縱使沒有添加這麼多奢侈材料做出來有所節制的簡樸點心，看起來也很可口。接下來這個章節要介紹的，就是修女們平時私下享用的簡便點心，以及送給參訪信徒們當贈禮的糕餅。

Tarta de manzana

蘋果塔

蘋果塔這道甜點是誕生於出產蘋果而知名的北部地方，
進而深入西班牙全國各地的烘焙料理，
不僅是許多修道院引以為傲的得意製品，也是日常製作享用的甜點之一。

材料（φ18cm 圓形蛋糕模型）

蘋果　5 顆（約 1 公斤）
低筋麵粉　8 大匙
泡打粉　1 小匙
無鹽奶油　60g
蛋（大）　1 顆
牛奶　50*ml*
砂糖　6 大匙
杏桃果醬　適量
塗抹模型用的奶油　適量

作法

1　在模型裡塗抹奶油，並將烤箱先預熱至 180℃。取一顆蘋果削皮，切成半月形薄片，剩下的蘋果削皮後對切成六塊，每一塊再橫切成四片。

2　將低筋麵粉與泡打粉混合篩過備用。

3　將奶油隔水加熱融化。

4　將蛋黃與蛋白分離。

5　在牛奶裡加入蛋黃與砂糖混合均勻。

6　將蛋白打發約八分膨脹度，與 5 及融化的奶油混合均勻。

7　加入 2 混勻，再加入 1 切好的蘋果片，整體充分攪拌均勻倒入模型中，表面排上 1 切好的半月形薄片。

8　放入烤箱中烤 40 ～ 55 分。視蘋果的種類和其產季，含水量有所不同，烘烤的時間可能需做調整，可用竹籤插入測試，烤到麵糊不會沾黏在竹籤上的程度。

9　從烤箱裡取出放涼冷卻，表面塗上一些杏桃果醬即可享用。

Tronco de galletas

餅乾樹幹蛋糕

這是薩拉戈薩（Zaragoza）的聖克拉拉修道院
使用現成餅乾做出來的甜點。雖然起源不明，
但據說大約是從 60 年前這間修道院便開始製作這道點心，
是大家會在星期六開心享用的小小幸福。
由於奶油餡很容易出現油水分離的狀態，
製作時要特別注意，一定要讓奶油與雞蛋在室溫下回復常溫後，
再充分徹底地攪拌製作奶油餡。

材料（1 條）

圓形餅乾　15 片
牛奶　約 100*ml*

〈奶油餡〉
無鹽奶油　120g
蛋（大）　2 顆
砂糖　60g
白蘭地　2 小匙

〈完成時撒上〉
椰絲　適量

作法

1　先將奶油與雞蛋放於室溫下回復常溫。

2　將蛋黃與蛋白分離。

3　將蛋白打發至膨脹隆起的狀態。

4　製作奶油餡。將奶油用打蛋器攪拌至乳脂狀後，一次一顆加入蛋黃徹底混合均勻，再加入砂糖、白蘭地與打發的蛋白，加入每樣材料時都要徹底混勻。

5　為了避免餅乾太容易碎裂，輕輕地沾泡一下牛奶後，只在一面抹上一大匙的奶油餡再疊上一片餅乾，重複此步驟數次（如下圖）。

6　將疊好的餅乾塔橫放，全體塗滿奶油餡，再撒上椰絲，放入冰箱冷藏約 1 小時讓其變硬一些定形。

將每片餅乾輕輕沾泡一下牛奶，只在一面塗抹上奶油餡再疊上一片餅乾，重複此步驟數次。

Almendrados

西班牙杏仁餅

所謂的「餅乾」，最初似乎是從阿拉伯傳至西班牙南部。修道院裡製作的餅乾很多都添加了杏仁，而這種杏仁餅乾就是其中一種，據說是十七世紀時為了慶祝新修道院的設立而做的點心。

材料（約 20 個）

馬爾科納杏仁粉　100g
細糖粉　80g
蛋白　2 顆的量
香草精　少許
馬爾科納杏仁粒　20 顆

作法
1　先將烤箱預熱至 180℃。
2　將杏仁粉與細糖粉混合篩過備用。
3　輕輕地攪打蛋白，加入 2 和香草精混合均勻。蓋上保鮮膜放入冰箱冷藏約 1 小時。
4　雙手沾些水，將麵團揉捏成扁的小圓形，排列在鋪了烘焙紙的烤盤上，在每一個小圓形麵團上嵌入一顆杏仁。
5　放入烤箱中烤 15 分鐘。
6　從烤箱取出放涼即可食用。

Cocadas

可卡達絲椰香餅

這是用椰絲做的簡單烘焙點心，在西班牙是非常受歡迎的一種甜食。許多修道院都有製作販售，但有的會做成像是威化煎餅（教會彌撒時放入信徒口中的擘餅）一樣，底部會有烘烤壓紋。

材料（12 個）

椰絲　80g
蛋黃　1 顆
全蛋　½顆的量
砂糖　40g
磨碎的檸檬皮　少許

作法

1　先將烤箱預熱至 180℃。
2　將所有材料徹底混合均勻。
3　將 2 混勻的麵糊揉捏成小圓球狀，排列在鋪了烘焙紙的烤盤上。
4　放入烤箱中烤 10 分鐘。
5　從烤箱取出放涼即可食用。

Tarta de chocolate

巧克力塔

這道依照克拉拉教會食譜製作的巧克力塔，不可以烘烤太過。讓裡頭保留略溼軟的質地，冷卻了之後口感剛剛好，滋味更佳。

材料（10×10cm 方形蛋糕模型）

甜的調溫巧克力　80g
蛋　1 顆
蛋黃　1 顆
無鹽奶油　45g
砂糖　40g
低筋麵粉　2 大匙
磨碎的橘子皮　¼ 顆的量
鹽　少許

作法

1　在蛋糕模型裡鋪烘焙紙，麵粉篩過，將烤箱預熱至 170℃。

2　將蛋黃與蛋白分離備用。

3　取一個碗放入奶油及巧克力，隔水加熱融化，加入砂糖溶解後，從熱水中拿出。

4　將兩個蛋黃分兩次加入 3 裡頭混合均勻，再加入磨碎的橘子皮和鹽攪拌均勻後放涼冷卻。

5　將蛋白打發至八成起泡的程度。

6　將 5 加到 4 裡頭輕輕攪拌混合，約分三次加入低筋麵粉，輕快地攪拌均勻。

7　將麵糊倒入模型，放入烤箱中烤 40 分鐘即完成。

Pastel de nueces

堅果蛋糕

這是以搗碎的胡桃為材料所製作的一道甜點，
是來自多明尼克教會的食譜。胡桃的風味結合
鬆軟蛋糕的溫和口感，是令人吃一口會欲罷不
能的蛋糕。

材料（16×6.5×6cm 磅蛋糕模型）

胡桃　70g
蛋（大）2 顆
低筋麵粉　1 大匙
砂糖　40g

作法
1　在蛋糕模型裡鋪烘焙紙，將烤箱預熱至
　　180℃，麵粉篩過備用。將蛋黃與蛋白分離
　　備用。
2　將胡桃放入搗缽裡搗碎（不要全搗得太細
　　碎，保留一小部分有點粗的顆粒，口感更
　　棒）後與低筋麵粉混合均勻。
3　將蛋白打發至膨脹隆起的狀態。
4　將蛋黃與砂糖混合，等砂糖溶解之後與 3
　　輕快地混攪均勻。
5　在 4 裡加入胡桃混合均勻後倒入模型。
6　放入烤箱裡烤約 20 ～ 30 分鐘，可插入竹
　　籤測試，如果麵糊沒有沾黏在竹籤上，便
　　可以從烤箱取出放涼冷卻。

Manzanas fritas

炸蘋果

✝

這是位於加利西亞（Garlicia）
地區聖克拉拉修道院的傳統食譜
之一。因為添加了帶甜味的雪莉
酒，讓炸蘋果片更具風味，也成
了我們家裡 15 年來的基本必備
點心呢。

材料（2～3 人份）

蘋果　2 顆
無鹽奶油　25g
A ｜ 蛋　1 顆
　｜ 低筋麵粉　100g
　｜ 牛奶　100ml

〈糖汁〉
甜的雪莉酒或帶甜味的白酒
　　　　　100ml
砂糖　1 大匙

〈完成時撒上〉
砂糖、肉桂粉　各適量

作法
1　將蘋果削皮切成半月形片狀。
2　製作糖汁。在雪莉酒裡加入砂糖，充
　　分混攪至砂糖溶解。加入蘋果片，在
　　不要破壞蘋果外觀下，徹底與糖汁攪
　　拌均勻，之後放入冰箱冷藏約 1 小
　　時，讓蘋果充分吸收糖汁。
3　將奶油隔水加熱融化。
4　調製麵衣。將蛋打散，與 A 的其他材
　　料及奶油混合均勻。
5　將 2 的蘋果沾上麵衣，放入 170℃的
　　油鍋裡炸至呈現漂亮的金黃色。
6　濾掉油，撒些肉桂粉及砂糖。

Delicias de nueces

喜悅堅果糖球

這是位在巴達霍斯（Badajoz）的聖母瑪麗亞聖告修道院自製的點心。在友人的推薦之下，我在專賣這間修道院糕餅的店裡買來嘗過，對其美味印象深刻，於是回到日本之後，也試著依樣畫葫蘆在家自製。與日本的和菓子頗類似，很適合搭配綠茶享用喔。

材料（10 個）

胡桃　50g
A ┃ 馬爾科納杏仁粉　50g
　 ┃ 細糖粉　1 小匙
　 ┃ 蛋白　2 大匙
砂糖　50g
水　100ml

作法
1　用手壓碎胡桃。
2　將胡桃與材料 A 用手混拌均勻後，揉製成小圓球狀（胡桃粒裸露在外也無所謂）
3　砂糖加水煮至沸騰後轉中火續煮，煮至有點黏稠狀時移離爐子，用木鏟不斷攪拌至變成白色糖霜狀後，放涼冷卻。
4　將 2 放到 3 裡輕輕滾動沾附上一層糖衣，放置約 30 分鐘讓其稍微凝固變硬即可。

西班牙修道院介紹

法國

阿斯圖里亞斯（Asturias）
坎塔布里亞（Cantabria）
巴斯克（País Vasco）
①②
加利西亞（Galicia）
③④ 納瓦拉（Navarra）
拉里奧哈（La Rioja）
卡斯提亞 - 里昂（Castilly-León）
加泰羅尼亞（Cataluñya）
⑥
阿拉貢（Aragón）
馬德里（Madrid）⑦
葡萄牙
⑤
埃斯特雷馬杜拉（Extremadura）
卡斯提亞 - 拉曼查（Castilla-La Mancha）
瓦倫西亞（Valencia）
莫西亞（Murcia）
安達魯西亞（Andalucía）

　　在西班牙境內，光是修女院數量就多達一千間以上，而在這當中有許多即以自製傳統點心聞名。值得高興的是，現在有許多修道院都有對外販售，每一間都各自有其特點及自豪之處。在這裡介紹幾間我親身造訪過覺得滋味特別好的。除了書中所介紹的之外，其他當然還有許多擁有美味的修道院。

　　我建議造訪修道院之前，不妨先去電詢問營業時間以及當日販售的點心品項，因為很可能會遇到修道院內部舉行活動、午休時間或是祝禱時間而關閉。在巴賽隆納和馬德里這些大城市裡，也都有店家集結販售各處修道院的招牌糕點，推薦大家旅行至此時可駐足選購。

可以直接購買點心的西班牙修道院

Monasterio de San Paio de Antealtares
①聖派伊歐修道院（聖地牙哥德康波斯特拉）

位於朝聖名地聖地牙哥德康波斯特拉，是西班牙裡最古老的修道院之一。在宛如時間靜止在中古世紀的舊城街道裡，依循歷史悠久的食譜製作點心，尤其這裡是唯一能品嚐到傳統風味的聖地牙哥蛋糕的修道院。

Rúa de San Paio de Antealtares 23, 15782 Santiago de Compostela, A Coruña　Tel. 981 58 32 27

Convento de Santa María de Belvís
②貝爾維斯修道院（聖地牙哥德康波斯特拉）

建築在丘陵高台上，可以眺望舊市區優美街景的一間修道院，可以從十四世紀時以嚴峻的岩石材建造的外觀感受到其長遠悠久的歷史。這裡的西點餅乾和杏仁餅乾都很好吃，需要透過預約訂購的限量杏仁蛋糕也很有名。

Rúa de Belvís 2, 15703 Santiago de Compostela, A Coruña　Tel. 981 58 76 70

Monasteric de La Inmaculada
③聖母無原罪修道院（維多利亞）

這是位於巴斯克自治區首府維多利亞舊城街裡的修道院。這裡並未設置前文提到的小門戶，而是真正有個窗口，有修女介紹她們製作販賣的點心。點心種類很多，每一樣都很可口，我尤其推薦瑪德蓮蛋糕、甜甜圈及巧克力類的糕餅。星期六還有提供預約訂製蛋糕的服務。

Plaza de General Loma 7, 01005 Victoria-Gasteiz, Álava　Tel. 945 23 36 69

Monasteric de Jan Pedro
④聖佩多羅修道院（薩爾瓦堤埃拉）

位於距維多利亞東邊24公里薩爾瓦堤埃拉村落裡。建造於四百年前，目前正整修當中（2012年至今），不過仍可以在村裡的臨時烘焙商店「克拉拉教會的修女們」買到點心。點心種類相當豐富，巧克力類的糕點特別美味。

Plaza de Santa Clara 1, 01200 Salvatierra, Álava
（臨時店 Calle Mayor 43）　Tel. 945 30 00 62

Monasteric de Jan Clemente
⑤聖克萊門特修道院（托雷多）

位於因世界遺產而知名的托雷多，這間修道院也有著悠遠輝煌的歷史。據說從1212年就開始製作點心，而且是西班牙代表性的傳統甜點杏仁糖糕的發源地，不僅可以看到各種可愛造型以及用松子包裹的杏仁糖糕，還有侯爵夫人杏仁小蛋糕等其他種類的糕點。在這裡不是透過小門戶，而是有設立專賣店讓民眾直接購買。

Calle San Clemente, s/n, 45002, Toledo
Tel. 925 22 25 47

可以買到集結許多修道院烘焙商品的店家

Caelum
⑥天堂咖啡館（巴賽隆納）

這家位在哥德區的店裡，羅列了各個地區修道院製作的糕餅。在這間可愛溫馨的咖啡館裡可以品嘗到修道院的點心，而且種類相當豐富。由古蹟成功改造的地下室咖啡館，空間讓人悠閒放鬆，別具氣氛。店名「Caelum」，是拉丁語的「天堂」之意。

Calle de la Palla 8, 08002, Barcelona
Tel. 93 302 69 93
http://www.caelumbarcelona.com

El Jardin del Convento
⑦修道院之庭（馬德里）

這間名為「修道院之庭」的店，位在靠近市政廣場市中心，店裡集結了各地頗具名氣的修道院點心，來自賽維亞的聖保羅修道院等有果醬餡之類的糕餅也非常好吃。大家來此旅遊時，可以到這裡挑選包裝盒十分別緻的糕餅作為回國的伴手禮。

Calle del Cordón 1, 28005 Madrid
Tel. 91 541 22 99
http://www.eljardindelconvento.net

作者介紹

丸山久美

生於東京，以料理家自居，也是西班牙家庭料理教室「Mi
Mesa」的負責人。於美國留學後，曾以導遊的身分周遊世界各
國，1986 年起在馬德里住了 14 年，在當地開設的料理教室學習
西班牙道地的家常菜，同時開始造訪修道院，發掘修道院點心的
箇中奧祕，回到日本之後，陸續出版了以西班牙家常菜為主題的
食譜。著有《在家中也能做的西班牙料理》(河出書房新社)、《週
末做個西班牙海鮮飯行家》、《西班牙暖心暖胃料理》(兩者皆
由文化出版局出版)等書。

個人網站：k-maruyama.blogspot.jp

攝　　影　清水奈緒
美術設計　葉田泉
造型執行　大谷真紀
料理助理　成瀨佐智子
插　　畫　伊藤瞳
發 行 人　菅井大作
編　　輯　八幡真梨子
校　　對　鳥光信子

修道院點心食譜（暢銷紀念版）

用最簡單的材料與步驟做出療癒美味，西班牙修女傳承百年的手感烘焙配方

原 書 名　修道院のお菓子：スペイン修道女のレシピ
作　　者　丸山久美
譯　　者　邱喜麗
特約編輯　劉綺文

總 編 輯　王秀婷
責任編輯　徐昉驊
版　　權　徐昉驊
行銷業務　黃明雪、林佳穎

發 行 人　涂玉雲
出　　版　積木文化
　　　　　104台北市民生東路二段141號5樓
　　　　　電話：(02) 2500-7696　　傳真：(02) 2500-1953
　　　　　官方部落格：http://cubepress.com.tw
　　　　　讀者服務信箱：service_cube@hmg.com.tw
發　　行　英屬蓋曼群島商家庭傳媒股份有限公司城邦分公司
　　　　　台北市民生東路二段141號11樓
　　　　　讀者服務專線：(02)25007718-9　　24小時傳真專線：(02)25001990-1
　　　　　服務時間：週一至週五上午09:30-12:00、下午13:30-17:00
　　　　　郵撥　19863813　戶名：書虫股份有限公司
　　　　　網站：城邦讀書花園　網址：www.cite.com.tw
香港發行所　城邦（香港）出版集團有限公司
　　　　　香港灣仔駱克道193號東超商業中心1樓
　　　　　電話：852-25086231　　傳真：852-25789337
　　　　　電子信箱：hkcite@biznetvigator.com
馬新發行所　城邦（馬新）出版集團
　　　　　Cité (M) Sdn. Bhd. (458372U)
　　　　　11, Jalan 30D/146, Desa Tasik, Sungai Besi,
　　　　　57000 Kuala Lumpur, Malaysia.
　　　　　電話：603-90563833　　傳真：603-90562833

封面設計　葉若蒂
內頁排版　優克居有限公司
製版印刷　前進彩藝有限公司

城邦讀書花園
www.cite.com.tw

國家圖書館出版品預行編目資料

修道院點心食譜：用最簡單的材料與步驟
做出療癒美味，西班牙修女傳承百年的手
感烘焙配方/丸山久美著；邱喜麗譯. -- 二版.
-- 臺北市：積木文化出版：英屬蓋曼群島
商家庭傳媒股份有限公司城邦分公司發行，
2020.12
　面；　公分
暢銷紀念版
譯自：修道院のお菓子：スペイン修道女の
レシピ
ISBN 978-986-459-256-2(平裝)

1.點心食譜

427.16　　　　　　　　　　109018940

本書改版自2014年4月8日出版之《修道院點心食譜》
2020年12月15日 二版1刷　Printed in Taiwan
售價／380元
ISBN 978-986-459-256-2
版權所有‧翻印必究　　　　　　　　　　　　ALL RIGHTS RESERVED